Yo Soy

el Sistema Solar

REBECCA Y JAMES MCDONALD

Yo soy el Sistema Solar. Soy el lugar donde tu planeta, la Tierra, y otros siete planetas giran alrededor de una estrella muy importante, llamada el Sol.

Soy como un gran vecindario y el Sol está justo en el medio.

El Sol es el objeto más grande del vecindario. Su gravedad mantiene a todo tipo de objetos dando vueltas a su alrededor. No puedes ver a la gravedad, pero ella evita que las cosas se vayan flotando, ¡incluso que tú lo hagas!

Cuando uno o más objetos giran alrededor de otro objeto, se llama orbitar. Los planetas orbitan el Sol y muchos tienen lunas que los orbitan a ellos.

¡Hora de explorar el vecindario! No hay aire para respirar cuando sales de la Tierra y el espacio es realmente frío, así que se necesita una nave espacial y un traje espacial para viajar por el Sistema Solar.

¡Preparados para el despegue! 3, 2, 1 !

Justo adelante está el primer y más cercano planeta al Sol, Mercurio. También es el planeta más pequeño.

Venus es el segundo planeta desde el Sol. Aunque no es el más cercano, es el planeta más caliente en este Sistema Solar.

El tercer planeta desde el Sol es la Tierra. ¡Ahí es donde vives! La Tierra es el único planeta en este Sistema Solar que tiene todo tipo de vida en su superficie.

El cuarto planeta que orbita el Sol es Marte. Muchas naves espaciales han visitado Marte, el planeta rojo.

Los planetas no son los únicos que orbitan el Sol. Justo después de Marte está el cinturón de asteroides. El cinturón de asteroides está lleno de polvo, asteroides e incluso un planeta enano llamado Ceres.

Aprieta tu cinturón de seguridad, podríamos dar algunos saltos, pero no te preocupes por chocar contra algo. Los asteroides en el cinturón de asteroides están muy separados entre sí.

Los asteroides están hecho principalmente de roca. ¡Algunos son pequeños y otros gigantes!

Justo después del cinturón de asteroides, está el quinto y más grande planeta que orbita alrededor del Sol, ¡Júpiter! Los científicos lo llaman Gigante Gaseoso, porque su superficie está hecha de gas y líquido. Eso significa que no hay terreno para que una nave espacial aterrice.

El sexto planeta desde el Sol es Saturno. También es un Gigante Gaseoso. Los anillos que rodean a Saturno están hechos de hielo, roca y polvo. La fuerte gravedad de Saturno evita que los anillos se vayan flotando.

El séptimo planeta desde el Sol es Urano. Se le llama Gigante de Hielo, porque es muy helado y frío.

Neptuno es el octavo y más lejano planeta desde el Sol. También es un Gigante de Hielo. Los científicos encontraron a Neptuno usando números y matemáticas, incluso antes de haberlo visto.

Neptuno es el planeta más alejado del Sol, ¡pero el Sistema Solar no termina ahí! Después, está el Cinturón de Kuiper. Es un gigantesco anillo helado lleno de rocas, polvo, hielo y otros objetos espaciales.

¡El planeta enano Plutón es parte del Cinturón de Kuiper!

Presta atención a los objetos brillantes con largas colas que se mueven por el espacio. Se llaman cometas.

El Sol mantiene a los planetas y otros objetos espaciales en su lugar con su gravedad. También protege al Sistema Solar en una burbuja gigante hecha de viento solar.

El viento solar sale de la superficie caliente del Sol y sopla en todas las direcciones, más allá de los planetas, ¡incluso más allá del Cinturón de Kuiper! Sopla tan lejos como puede, hasta formar una burbuja gigante alrededor del Sistema Solar llamada heliosfera.

Afuera de la heliosfera es donde los científicos dicen que termina el Sistema Solar y comienza el espacio interestelar. El espacio interestelar es el espacio entre las estrellas.

Solo hay dos naves espaciales que han salido del Sistema Solar y entrado en el espacio interestelar, Voyager 1 y Voyager 2, ¡y todavía están explorando!

No soy el único Sistema Solar en el espacio. Hay muchas más estrellas ahí afuera con planetas que las orbitan, pero hasta ahora, soy el único vecindario solar con un planeta lleno de vida.

¿Qué planeta del Sistema Solar es el único que se sabe que tiene vida?

¿Cuántos planetas hay en tu Sistema Solar?

¿Cuáles son los nombres de los dos cinturones del Sistema Solar?

¿Qué hace un objeto cuando da vueltas alrededor de otro objeto?

¿Qué mantiene a los planetas y otros objetos espaciales en su lugar y los mantiene orbitando el Sol?

Cuando el viento solar forma una burbuja gigante alrededor del Sistema Solar, ¿cómo llaman los científicos a esta burbuja?

Yo Soy el Sistema Solar

ISBN: 978-1-950553-24-2
www.HouseOfLore.net

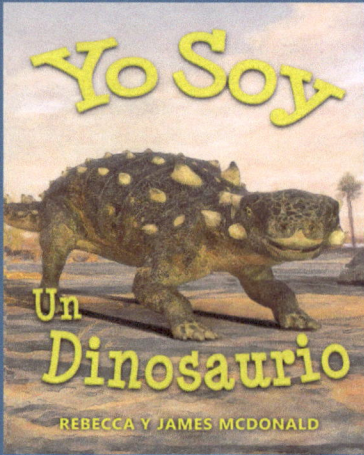

Yo Soy Un Dinosaurio

REBECCA Y JAMES MCDONALD

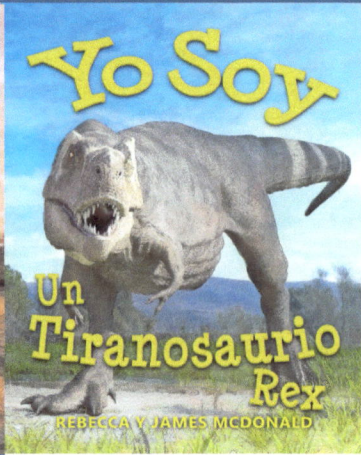

Yo Soy Un Tiranosaurio Rex

REBECCA Y JAMES MCDONALD

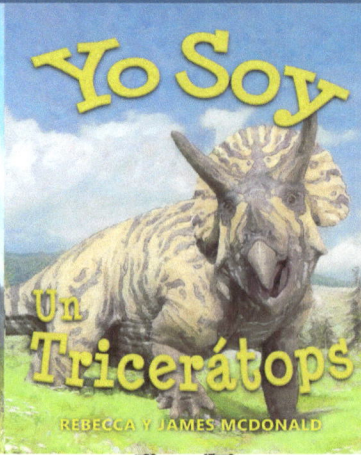

Yo Soy Un Tricerátops

REBECCA Y JAMES MCDONALD

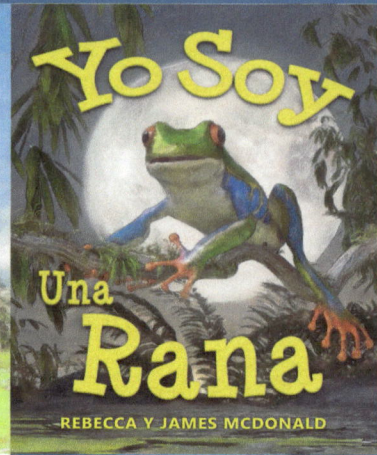

Yo Soy Una Rana

REBECCA Y JAMES MCDONALD

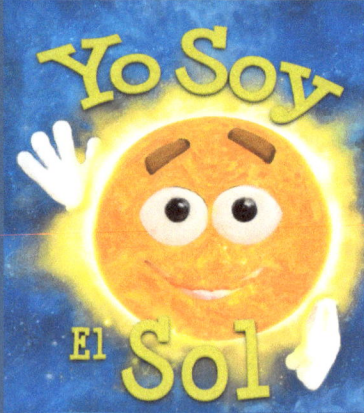

Yo Soy El Sol

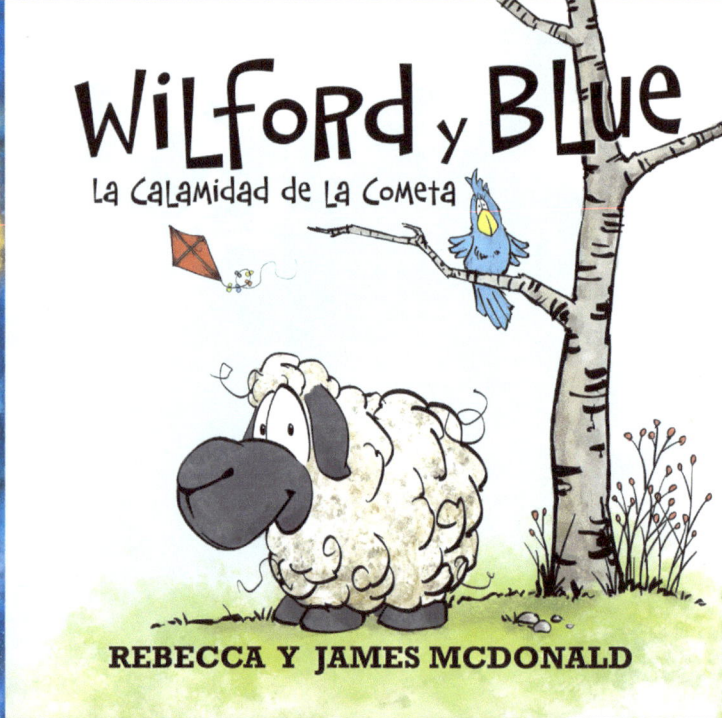

Wilford y Blue
La Calamidad de La Cometa

REBECCA Y JAMES MCDONALD

HOUSE OF LORE

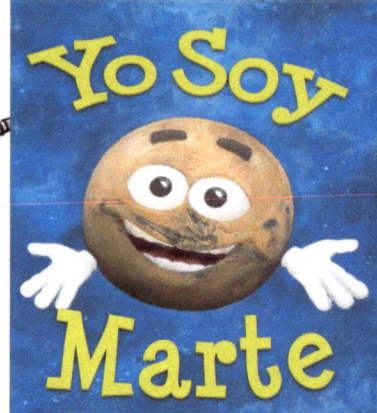

Yo Soy Marte

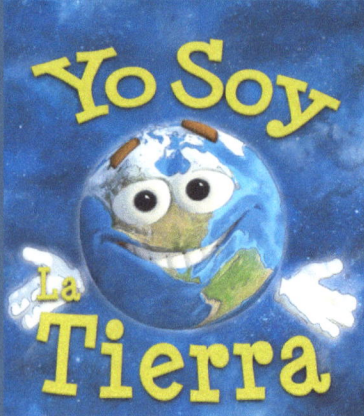

Yo Soy La Tierra

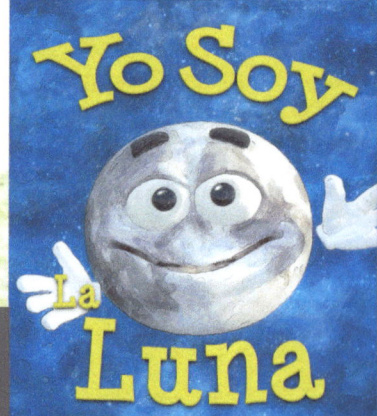

Yo Soy La Luna

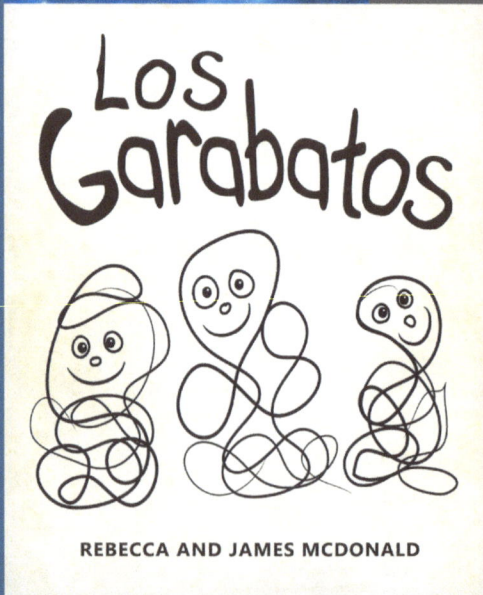

Los Garabatos

REBECCA AND JAMES MCDONALD

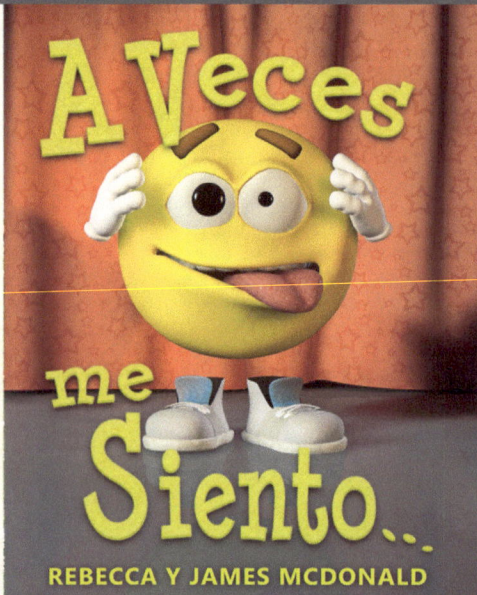

A Veces me Siento...

REBECCA Y JAMES MCDONALD

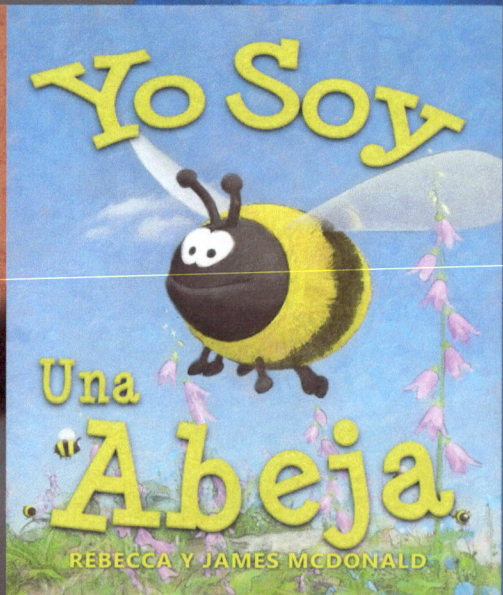

Yo Soy Una Abeja

REBECCA Y JAMES MCDONALD